AF246781

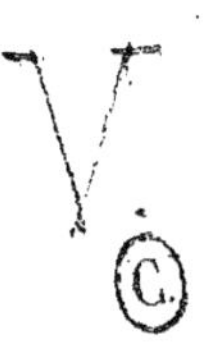

17182

QUELQUES NOTES

SUR

LA TAMISE

ET SUR

LE PORT DE NIEUWE DIEP

(NORD-HOLLANDE)

————— ⋄◦◦◦⋄ —————

PARIS

LIBRAIRIE SCIENTIFIQUE-INDUSTRIELLE

DE L. MATHIAS (AUGUSTIN)

QUAI MALAQUAIS, 15

———

1846

QUELQUES NOTES

sur

LA TAMISE

et

LE PORT DE VIEUX DIEP

(NORMANDIE)

PARIS

LIBRAIRIE SCIENTIFIQUE ET TECHNIQUE

1918

INTRODUCTION.

Des hommes éminents par leurs lumières et par leur expérience ont avancé, dans la discussion du 4 mars 1846, à la Chambre des Députés, sur la question d'amélioration de la Seine maritime : « Que nulle
« part on n'avait amélioré l'embouchure de grands fleuves ; qu'on ne le
« tentait même plus en Europe ; que cela pouvait être praticable pour
« de petites rivières, telles que la Clyde, le Witham, le Welland, mais
« non pour des grandes ; que dans celles-ci, l'emploi des digues longitu-
« dinales diminuait la masse d'eau de flot entrant en rivière ; et qu'ainsi,
« quand bien même on produirait un approfondissement momentané
« entre les digues, on aurait seulement déplacé la difficulté, et on l'aurait
« augmentée plus bas.

« Que dans la Tamise, par exemple, qui ne vaut pourtant pas la Seine
« au-dessus de Melun ; qui est moins considérable que la Marne, et n'est
« presque rien au-dessus de Londres, les travaux que l'on a faits n'ont
« amélioré que la partie correspondante à la Seine entre Villequier et
« Rouen, mais que le bas de la rivière avait été empiré ; que les bancs s'y
« étaient formés. »

En ce qui touchait la question du jour, il a été bien victorieusement répondu à ces arguments, par M. le sous-secrétaire d'État *Legrand*.

« On demande, a-t-il dit, dans quel pays on a amélioré l'embouchure
« d'un fleuve ?... S'il s'agissait pour la Seine maritime de travailler dans
« la baie, je comprendrais l'objection ; mais nous cherchons aujourd'hui
« à perfectionner la rivière ; nous ne tentons pas d'améliorer son em-
« bouchure. Nous la laissons dans son état actuel, qui suffit à la naviga-
« tion. Ce que nous voulons, c'est prolonger le lit régulier, le chenal
« régulier jusqu'à l'origine de la baie. Pour cela, nous n'avons besoin
« que de rétrécir la rivière, là où elle est trop large ; de construire des
« digues, là où les courants se divisent.

« Sans doute, quand les travaux seront exécutés, le banc ne sera que
« déplacé ; mais il sera porté sur des points où il ne sera plus une cause

« de danger. Nous avons remarqué que lorsque des causes naturelles le
« portaient vers ces points, la navigation devenait facile ; ce sont ces
« causes naturelles dont nous voulons rendre l'effet permanent, par les
« moyens d'art.

« Si la Clyde, resserrée, a pu donner un approfondissement, j'en con-
« clus, *a fortiori,* pour le succès de la Seine ; car la Clyde, dans sa partie
« supérieure, n'est qu'un filet d'eau. La Seine, au contraire, au-dessus de
« Villequier, au-dessus de Rouen, est une puissante rivière, et les eaux
« de cette puissante rivière viendront ajouter leur action à celle des
« marées. »

Les votes des Chambres ont prouvé qu'elles s'associaient à ces doc-
trines.

En ne recommandant actuellement que des *essais*, la haute prudence du
Conseil général des Ponts et Chaussées n'a point du tout enchaîné, mais,
au contraire, a réservé l'avenir ; qui fera le reste.

Cependant, il nous était resté des souvenirs plus grands de la Tamise
et de ses anciens travaux.

Nous savions aussi, mais vaguement, que d'autres beaux ouvrages
avaient été réalisés, de nos jours, aux confins de cette mer si orageuse du
Nord, parmi les bancs et les violents courants de l'embouchure du Texel.

Nous nous sommes demandé :

« Qu'est-ce donc exactement que la Tamise maritime ? Quels travaux
« y ont été faits, et quand ? quels ont été leurs résultats ? quelles amélio-
« rations y projette-t-on à présent ? »

Et par rapport à la Nord-Hollande :

« Que sont, entr'autres, la passe et le port militaire de Nieuwe Diep ?
« Par quels procédés les a-t-on exécutés ? Que projette-t-on en ce moment,
« sur d'autres points analogues, dans le même royaume ? »

Nous avons, à ce sujet, rassemblé les notes suivantes. Elles seront inu-
tiles pour ceux qui savent ; mais elles pourront rassurer ceux qui crai-
gnent, et encourager ceux qui espèrent.

DE
LA TAMISE MARITIME[1].

Si vous interrogez un Anglais au sujet du fleuve qui baigne sa métropole : « La Tamise, vous dira-t-il, quoique la marée y remonte sur une plus grande longueur qu'en aucun fleuve de l'Europe, le cède, en étendue, au Gange, au Nil, au Mississipi, à la rivière des Amazones, à celle de la Plata ; mais ces fleuves magnifiques manquent des attributs qui élèvent la Tamise au-dessus de tout autre. Cette noble rivière, indépendamment des avantages qu'elle tient de la nature, ayant été perfectionnée par l'art, apporte à la capitale de l'empire britannique les productions de tous les climats, et tout ce qui, dans l'univers, contribue à l'embellissement ou aux commodités de la vie. La navigation du port de Londres est le lien commercial du monde, le plus bel ornement de nos rivages, l'orgueil de tout Anglais, et l'admiration de l'étranger. Là, les autres nations trouvent non seulement un débouché pour les produits de leur sol, mais, en outre, un entrepôt et un transit pour ceux de leurs manufactures et de leurs colonies. Au milieu d'opérations qui surpassent en grandeur et en richesse ce que l'on nous raconte de l'ancienne Tyr, la plus modeste industrie, comme le plus aventureux esprit d'entreprise, concourent à la force et aux ressources qui ont placé le nom anglais si haut parmi les peuples de la terre, etc. »

Quand même il y aurait un peu d'enflure nationale dans ce langage, ce n'en est pas moins une grande exagération en sens contraire que de réduire le parallèle de la Tamise, à la Marne ou à la Seine au-dessus de Melun.

Les eaux de marée, montantes et descendantes, toutes les 12 heures, dans la Tamise (2), sur une hauteur verticale de 14 à 19 pieds, et dans un mouvement constant d'une vitesse de 2 à 3 milles par heure, conduisent au-delà de Londres plus de 70,000 tonneaux, ou de 2 1/2 à 3 millions de pieds cubes d'eau par minute. La marée se fait sentir jusqu'aux environs de Richmond, c'est-à-dire au-delà de 60 milles depuis la mer (3). Elle commence à monter à Gravesend, environ une heure après qu'elle a commencé à monter au Nore. La distance est d'environ 21 milles.

Sauf sur quelques hauts-fonds, on trouve dans la Tamise, à peu près jusqu'au pont de Londres, une profondeur de 12 à 14 pieds de basse mer, ainsi calculée en déduisant 17 pieds 10 pouces, de la haute-mer moyenne, admise par la corporation de la Trinité (4). Cette profondeur s'accroît progressivement jusqu'à 35 à 50 pieds (5) dans les passes entre les bancs de la baie. Les deux petites cartes de la planche n° 1 indiquent approximativement les sondages en détail, depuis Londres jusqu'à Gravesend.

---

(1) Histoire de Gravesend, par R. P. Cruden, 1843.
(2) James Walker, 13 septembre 1841, p. 12.
(3) Histoire de Gravesend, p. 4 et 40, 44 et 45.
(4) J. Walker, 13 décembre 1841, p. 12.
(5) Carte de J. W. Norie.

La largeur n'est nulle part au-dessous de 700 pieds, et est, en général, de **1,000** pieds de pleine mer, près de Londres, à environ 40 milles de l'embouchure; celle-ci, à Sheerness, a environ 7 kilomètres.

Voici du reste un tableau des largeurs de la Tamise, dans quelques endroits au-dessous du pont de Londres (1).

DISTANCE à partir du pont de Londres, en milles de 5,280 pieds anglais (2).	NOMS DES LIEUX.	LARGEUR DE LA RIVIÈRE A MER HAUTE.
		mètres.
0 »	Pont de Londres. . . . . Environ	290
7|8	London Dock.	350
1 1|2	Tunnel.	352
2 3|4	Cuckholds' Point.	352
5 »	Hopital de Greenwich.	275
6 1|2	Quai de Blackwall.	380
9 1|2	Woolwich.	490
13 1|8	Halfway-House.	700
16 1|2	Quai d'Erith.	800
18 1|2	Purfleet.	695
21 1|4	Quai de Greenhithe.	805
23 1|4	Grays.	915
24 4|5	Chantier de Pilcher.	570
26 1|4	Jetée de Gravesend.	800
26 3|4	Canal de la Tamise et de la Medway. . .	1,080
29 1|4	Pointe de Coal-House.	1,290

Voici également un relevé comparatif de sondages dans la Tamise, aux abords de Londres, à différentes époques (3).

DE BASSE MER.	1680.	1732.	1805.
	Pieds.	Pieds.	Pieds.
En face de la Douane.	3 à 4	11 à 12	12
A l'Ermitage de Sainte-Catherine. . .	presqu'à sec.	11 à 12	12 à 14
De Wapping à la Grue-Neuve. . . .	»	13	12 à 14
De la Grue-Neuve au quai de la Cloche. .	4 à 5	15	16
A l'Escalier du roi Édouard. . . .	presqu'à sec.	13	15
A l'Escalier de la Reine.	3	13	15
A l'Escalier de l'Éléphant. . . .	5 à 6	13	16
Du trou de l'Église, à l'Escalier de Hanovre.	presqu'à sec.	7	15 à 17
Aux Moulins du Roi.	»	12	17 à 19

(1) Histoire de Gravesend, p. 50.
(2) Le mille géographique, ou nœud, est de 6,080 pieds anglais.
(3) Premier rapport de la commission des ports à marée du 8 juillet 1845, page 183.

Depuis le mois d'août 1819 jusqu'au mois d'avril 1822, il a été enlevé 540,000 tonnes de lest du banc de Barking. Avant cela, il était presqu'à sec ; maintenant la rivière y est navigable.

Il paraît qu'avant que l'on eût commencé à enlever du lest du lit de la rivière, aucun navire ne mouillait entre le pont de Londres et Lime-House, et que la profondeur de l'eau y était de 12 pieds moindre qu'elle n'est à présent.

Telle est la Tamise aujourd'hui. Voyons ce qu'elle était autrefois, et comment on l'a modifiée.

Lorsque sir Christopher Wren se prépara à la construction de Saint-Paul, à Londres, il y procéda avec circonspection, et ses premières investigations portèrent sur l'état de la rivière et des terrains adjacents. Voici ce qu'il en dit :

« Tout le pays, entre les hauteurs de Camberwell et d'Essex, doit avoir été une grande baie, s'élargissant beaucoup à l'embouchure de la Tamise : cela formait, à mer basse, une vaste plaine de sable, à travers laquelle la rivière se frayait un chemin ; et en été, lorsque le soleil desséchait la surface de ce sable, et qu'un vent fort soufflait avant la marée, le sable enlevé par le vent formait des buttes, et à la longue, des dunes élevées, ainsi que sont celles de Flandre et de Hollande sur la côte opposée. Ceci peut avoir été l'effet de longues périodes, antérieures aux temps historiques, sans même qu'il soit besoin de remonter à l'époque diluvienne.

« C'est cette large étendue de sables, devenue aujourd'hui de fertiles prairies, qui a été bordée de puissantes digues encore existantes, et qui ont restreint la rivière à son lit actuel. Grand ouvrage ! fruit d'autant de hardiesse que d'habileté, dont aucune histoire ne rend compte : les Bretons étaient trop grossiers pour le tenter, les Saxons trop occupés de leurs guerres continentales ; de là, l'opinion que cela peut avoir été une œuvre des Romains. »

Cette opinion a été partagée par le célèbre sir William Dugdale, et par M. James Walker. Cependant, quelque capables que fussent les Romains d'exécuter de pareils travaux, il est douteux qu'ils eussent des motifs suffisants de s'y livrer, et il est étonnant que l'on n'en rencontre ni vestiges, ni mention, qu'après la conquête normande.

La chronique saxonne n'en parle point, et le Domesday, qui décrit en détail les terres arables, les pâturages, les prairies, les bois et les marais, et qui dès lors n'eût pas manqué de citer les digues de la Tamise, s'il en eût existé, comme clôture ou limites des terrains, garde un silence complet à cet égard.

Les arts normands furent introduits peu après la conquête. Guillaume de Montfichet fondait l'abbaye de Stratford au milieu des terres basses de l'Essex en 1135.

Richard de Lucy, justicier d'Angleterre, bâtissait celle de Westwood près Erith, sur la côte opposée, en 1178. On possède les récits des accidents qui affligèrent ces abbayes, par irruption des eaux ; des éloignements forcés de leurs habitants ; de leur retour, à la suite de mesures défensives prises en leur faveur par l'un de leurs protecteurs, Richard I (1189 à 1199).

Henri III, en 1225, confirma quelques règlements antérieurs. Les annales de Westwood établissent qu'en 1279, l'abbé et les moines de Lesnes, près Erith, entourèrent d'une clôture une grande partie de leur marais de Plumstead; que douze ans après, ils en firent autant pour le reste, avec grand bénéfice; et l'on doit conclure du rapprochement et de la concordance de tous ces faits, que les endiguements de la Tamise, entre Londres et Gravesend, furent commencés de bonne heure dans le douzième siècle, étendus sous le règne de Henri II, de 1154 à 1189, et complétés dans le siècle suivant.

On ne cherchait pas à rétrécir le chenal dans un but maritime; on voulait conquérir des terrains pour les abbayes; mais ces travaux n'en constituèrent pas moins le commencement d'un système, qui ne tarda point à se généraliser (1). Il est évident que beaucoup de travail et d'intelligence furent déployés pour renfermer la rivière dans ses rives actuelles, qui depuis Londres jusqu'à Sheerness, son embouchure, environ 40 milles, sont en plus grande partie artificielles. Il est probable que, au fur et à mesure de la construction des endiguements, les terrains en arrière s'élevaient graduellement, par les dépôts, conséquence naturelle de la diminution d'action des vagues, et que les criques et les irrégularités se remplissaient. Malgré cela, les terres sont encore de 6 à 7 pieds au-dessous d'une marée moyenne de vive eau, et de 9 à 10, au-dessous des plus hautes, de telle sorte que si les digues venaient à être coupées, la Tamise, à la marée suivante, reprendrait possession du large espace qui en a été retranché depuis si longtemps, et deviendrait en général cinq fois aussi large qu'elle est à présent : plusieurs ruptures ont eu lieu : la dernière, en 1707, couvrit d'eau 1,000 acres de terrain, et coûta, à réparer, plus de 40,000 livres sterling d'alors.

Ces digues, et les plus anciennes constructions sur la rivière, se trouvant encore en rapport avec le niveau actuel de l'eau, il n'y a pas de motifs de croire que les marées, dans la partie supérieure de la rivière, atteignent à présent un niveau beaucoup plus élevé qu'à l'époque où les endiguements furent construits; mais, quoique les endiguements de main d'homme n'aient pas produit beaucoup d'effet sur la hauteur positive de la surface de l'eau, soit de pleine, soit de basse mer, ils ont toutefois, en diminuant la largeur, assurément fait beaucoup pour augmenter la profondeur de basse mer, dans la partie située entr'eux. Ils ont ainsi amélioré la rivière sur une étendue où, dans son état naturel, elle n'eût probablement pas été propre à la navigation, eu égard à son manque de profondeur et au défaut de fixité de son chenal. Cet approfondissement a été effectué, en concentrant l'action du flot et du jusant sur une largeur réduite, au lieu de les laisser s'épancher et perdre leurs forces sur une grande surface. Par là, sa vitesse et sa puissance nettoyante ont été augmentées, et le chenal a été creusé. Nous avons des exemples récents et analogues de cela dans d'autres rivières.

Quoique la Tamise ait de nombreuses imperfections, cependant, envisagée dans son vaste ensemble, elle est très digne d'admiration, et l'on ne doit traiter qu'avec ménagement, même ses défauts apparents. Ceux-ci proviennent, en grande partie, du changement de l'état des choses, depuis l'époque où la Tamise a été endiguée, bien plutôt que de l'ignorance des ingénieurs qui, dans ces temps éloignés, avaient la direction de ce grand ouvrage : s'ils avaient prévu que, dans une longueur de cinq milles seulement, serait placée, sur ses rives, une ville contenant 2 à 3 millions d'habitants; que ces habitants inventeraient et adapteraient à leurs demeures des dispositions de déversement direct dans la

(1) Rapport de M. J. Walker, du 13 décembre 1841.

rivière, de toutes espèces d'immondices, ils auraient probablement donné plus d'attention à rendre son chenal uniforme et à en resserrer la largeur, de manière à prévenir les inconvénients dont on se plaint à présent à juste titre; s'ils avaient prévu que, plus bas, à Woolwich, un grand établissement serait formé, pour bâtir et réparer des vaisseaux de guerre qui, pour être tenus à flot, exigeraient une profondeur d'eau triple de celle alors suffisante pour leurs plus grands navires, au lieu d'un quai qui est certainement dans une mauvaise direction, eu égard à la marée, ils auraient pu tenir plus droites les digues au-dessus et au-dessous de Woolwich, de manière à avoir produit un courant plus fort, et à avoir prévenu l'incommode accumulation de vase en face de l'établissement national.

Nous n'entrerons pas dans des questions difficiles sur les changements que la direction principale de la rivière peut avoir éprouvés. Nous savons que, vers 1662, elle fut soigneusement inspectée depuis Westminster jusqu'à la mer, et que la carte qui en fut dressée existe encore dans la bibliothèque du collége d'Oxford. Il serait utile de la comparer avec des cartes plus modernes; peut-être pourrons-nous le faire un jour, mais il nous suffit aujourd'hui de montrer que de grands ouvrages d'endiguement ont été exécutés et ont réussi dans la Tamise maritime, et que s'ils ont jamais fait naître des bancs à son embouchure (chose que nous ignorons), les chenaux, dans tous les cas, ont été loin de se trouver obstrués.

Maintenant, ce que la commission (1) s'est proposé pour améliorer de nouveau la Tamise, c'est de détruire naturellement les hauts-fonds, les bancs de vase et les saillies au-delà d'une ligne fixe et permanente d'endiguement; en un mot, de redresser et rendre uniformes les rives et le fond du fleuve, car la plus grande défectuosité d'une rivière consiste dans l'irrégularité de sa largeur et de sa profondeur (2).

L'augmentation des hauts-fonds, en quelque lieu que ce soit, y modifie nécessairement la direction du courant, et la perturbation apportée, par quelque interruption que ce soit, dans le chenal, se propage certainement plus bas; imperceptiblement peut-être d'abord, mais on ne peut guère douter qu'avec le temps, de très grandes défectuosités dans le lit d'un fleuve ne puissent résulter de causes primitives fort légères, et en apparence dénuées d'importance.

Il est à peine nécessaire d'observer que ce qui vient d'être dit des bancs ou hauts-fonds formés naturellement, s'applique avec encore bien plus de force à toutes les constructions, telles qu'épis, jetées, quais, etc., qui empiètent sur le chenal, et auxquelles il arrive souvent que l'on n'attribue pas leurs mauvais

_____

(1) MM. J. Walker, ingénieur; F. Bullock, capitaine dans la marine royale; J. Fisher, premier maître de port à Londres, etc., 1842.
(2) Voir planche 1re.

effets, parce qu'ils ne sont produits qu'à une certaine distance. Un changement dans ces constructions, ou leur accroissement, peut, plus ou moins, donner une nouvelle direction au courant, le conduire à creuser de nouveaux chenaux, à troubler, diviser, et probablement, jusqu'à un certain point, à obstruer le chenal navigable (1).

Dans les rivières à marées, où il y a alternativement un courant montant et un descendant, il peut arriver que l'un et l'autre ne suivent pas exactement le même chenal ; leur action est par conséquent différente, ce qui augmente le désordre dans le lit de la rivière, amène l'érosion des rives et d'autres inconvénients.

Ces principes posés, nous arrivons à examiner s'il est possible de maîtriser un chenal, de manière à ce qu'il réunisse les deux conditions, *exemption de tout obstacle et stabilité* ; ou, en d'autres termes, s'il est possible, au moyen d'endiguements convenablement disposés, de diriger une rivière à marée, de telle sorte que ses courants, dans les deux sens, s'harmonisent avec ses sinuosités générales, et qu'elle soit ainsi débarrassée de toute tendance à former des hauts-fonds et à changer son chenal ?

Il semble que ces résultats désirables peuvent être aisément obtenus ; car si, suivant ce qui vient d'être exposé, la bonne condition d'une rivière est détruite par la trop grande diffusion du courant, par la corrosion des rives, et par les obstructions d'une ou d'autre nature créées dans le chenal ; si c'est bien de cela que résultent les divergences du courant et la tendance de la rivière à changer son cours, en élevant des bancs et des hauts-fonds, toutes ces causes de détérioration peuvent disparaître, au moyen d'endiguements qui réduisent le lit à un chenal *suffisant*, pas au-delà, et qui présentent au courant, à chaque courbure de la rivière, un front solide et stable, d'une forme propre à diriger le courant des deux sens dans un seul chenal : alors il n'est pas douteux que la rivière se creusera d'elle-même, peu à peu, un chenal libre, uniforme et exempt d'obstacles ; et après avoir ainsi amélioré son cours, elle n'aura pas de tendance à le changer : les mêmes agents naturels qui, abandonnés à eux-mêmes, changent continuellement de direction et creusent différents chenaux dans un cours d'eau, le conserveront et l'amélioreront lorsque leur direction sera fixe et dégagée de tous obstacles variables et indus.

Peut-être serait-il bon de hâter, par des dragages, le progrès du nettoyement et de l'approfondissement du lit de la rivière, après qu'elle aurait été endiguée, au lieu d'en laisser le soin à l'action, comparativement lente, des agents naturels ; mais, dans ce cas, il serait nécessaire d'adopter un système de dragage autre que celui suivi à présent ; au lieu de servir à creuser des excavations profondes dans les chenaux, la machine à draguer devrait n'être employée qu'à enlever les hauts-fonds.

Les mêmes moyens (2) accroissent aussi la vitesse. La marée remonte plus avant dans la rivière, par suite de cette plus grande rapidité ; par suite du raccourcissement des circuits, et de ce qu'étant contenue par les digues, il lui faut aller plus loin avant de pouvoir prendre son niveau.

Sa puissance est augmentée, et cela avance le mouvement de la haute mer dans chaque partie supérieure de la rivière, de même que cela l'élève propor-

---

(1) Ceci n'a lieu néanmoins que lorsque ces ouvrages sont isolés et ne font pas partie d'un système bien coordonné.

(2) **M.** Rendel, ingénieur. Premier rapport de la commission des ports à marée. 8 juillet 1845, page 175.

tionnellement à un plus haut niveau. L'effet s'en fait sentir avantageusement jusque sur les bancs qui barrent la rivière vers son embouchure, en conséquence de l'augmentation de force, avec laquelle la chasse des eaux de l'intérieur et de marée est renvoyée pendant l'ebe, et il en sera ainsi, pourvu que le sol soit de l'espèce qui se rencontre ordinairement dans les vallées des grandes rivières; encore une fois, c'est par suite de l'augmentation de profondeur, de l'uniformité du courant sur toute la largeur du chenal, et par l'enlèvement des bancs, des côtés et du fond, que la même hauteur de marée à l'embouchure de la baie, la fait remonter plus loin dans l'intérieur, et l'élève à un plus haut niveau.

La profondeur n'est donc pas moins importante à la puissance avec laquelle l'eau monte et descend, qu'à la commodité de la navigation.

Le grand nombre d'obstructions existantes dans la rivière, l'interruption et l'obliquité de ses courants, le batillage constant occasionné par les bateaux à vapeur contre les rives, tiennent aujourd'hui dans une oscillation perpétuelle une plus grande quantité de vase qu'autrefois : il y sera remédié par l'unité du chenal, et au moyen que celui-ci soit dégagé d'obstacles. Le courant, ainsi chargé de matières sédimenteuses, les emportera vers la mer jusqu'à l'eau profonde. La grande étendue des bancs de vase d'où s'exhalent maintenant, de basse-mer, des miasmes dangereux, sera également fort diminuée. Le courant rendu plus profond et plus rapide, balaiera avec plus d'efficacité, et ces avantages, indépendants de la grande augmentation de facilité de la navigation, qui suffiraient pour exciter à des entreprises plus difficiles encore et plus coûteuses, nous forcent à recommander fortement l'endiguement proposé, comme un moyen assuré d'opérer une grande et permanente amélioration dans la rivière.

Il ne nous reste plus qu'à jeter les yeux sur quelques considérations secondaires et réglementaires, dignes pourtant aussi d'attention.

Une des causes de la grande irrégularité des rives modernes a été l'absence d'un plan général ou d'ensemble, qui servît de guide pour les lignes de quais et de banques : il a pu arriver ainsi, ou que des intéressés aient agi sans autorisation, ou que le comité de navigation en ait accordé, sur des renseignements insuffisants ou inexacts. Il serait donc utile qu'un plan général de redressement et d'alignement des rives fût établi, et qu'une fois approuvé par l'autorité compétente, il fût rendu public et devînt une loi commune, à laquelle chacun serait tenu de se conformer.

On sait que la corporation de la Trinité, en vertu de sa charte, fait tirer du gravier, depuis le pont de Londres jusqu'à la mer, pour lester les navires; au-dessus du pont de Londres, c'est sur une permission du maire, comme conservateur de la rivière, que quiconque a besoin de gravier, soit pour réparer des chemins, soit pour faire des fondations ou pour tout autre emploi, fait extraire ce gravier et ce sable, selon que la qualité en convient : par là, les hauts-fonds sont enlevés, et l'emploi de leurs matières est combiné avec l'amélioration de la rivière. Seulement, il faut veiller à ce que, dans l'enlèvement des hauts-fonds, on n'aille pas au-delà du niveau donné, et que l'on laisse le fond, à la profondeur convenable et uniforme avec un chenal navigable, bien déterminé dans le milieu, diminuant graduellement vers les côtés ; sur la plupart des hauts-fonds, on rencontre d'abord une couche de vase et de sable, mais le gravier est dessous.

Lorsque pour certains genres de commerce particulier, il conviendrait d'avoir des cales, ou bien de laisser la rive dans son état primitif, il faudrait que la ligne extérieure, sur la laisse de basse-mer et sur l'alignement des digues ou quais contigus, fût soutenue par une file de pieux jointifs, dont la tête serait de niveau avec le lit actuel de la rivière, afin d'empêcher l'éboulement du sol vers le milieu de la rivière, par l'approfondissement du chenal navigable.

La quantité de décombres, ordures, cendres ou fonds de fourneau, jetée journellement dans la Tamise, exige une sérieuse attention et les mesures les plus énergiques, pour mettre immédiatement fin à des irrégularités qui tendent à encombrer la rivière. Un acte du Parlement y a amplement pourvu, et si l'on notifiait directement à chaque bateau à vapeur, que les lois sur ce sujet seront rigoureusement exécutées, la crainte des punitions les détournerait de la pratique de ces graves contraventions.

Il en est de même pour le dépôt sur le bord du fleuve de briques ou matériaux, qui ne devrait avoir lieu qu'au-dessus de la ligne de haute-mer de vive-eau, et sans pouvoir être atteint par les crues produites par des tempêtes ou des inondations. Rien ne serait plus nécessaire qu'une surveillance exacte pour découvrir les contrevenants, car l'enquête a appris que cette dangereuse coutume a été pratiquée de temps en temps, jusqu'à ce qu'elle soit devenue sérieusement nuisible à la rivière.

Indépendamment de ceux qui, volontairement et méchamment, jettent des débris ou ordures dans la rivière, il y a ceux qui, par négligence, y laissent s'écrouler leurs quais, rives ou terrains quelconques. Quoique cette contravention soit d'une nature moins répréhensible, cependant, comme il est facile de prouver que les résultats sont les mêmes, c'est une obligation impérieuse pour les propriétaires de ces sortes de fonds, d'enclore d'une manière solide la portion sujette à être lavée par les grandes marées, ou exposée au batillage des bateaux à vapeur, et pour l'autorité qui punit les délits, d'accorder aussi protection contre la négligence.

Quelque genre de talus, quais ou endiguements que l'on adopte, il faut qu'il soit fait avec solidité, et en cas de rupture, il faut avoir sous la main des moyens prompts de reconstruction, ou tout au moins d'empêcher le mal de s'étendre, soit qu'il s'agisse d'une banque en argile, ou de quais : en général, on peut remarquer qu'il en coûte beaucoup plus cher pour réparer le mal produit par le défaut de soins du lit ou des rives d'une rivière, qu'il n'en aurait coûté pour y exercer une surveillance active.

Peut-être trouvera-t-on que nous sommes entrés dans trop de détails ; peut-être, au contraire, que nous sommes trop restés dans les généralités. Quoi qu'il en soit, ce que nous avons dit doit suffire pour montrer combien la question est grande et nationale, et comment, avec peu de frais et de difficultés relatifs, il est possible d'ajouter essentiellement à l'utilité commerciale et générale et à l'ornement de cette noble rivière, pour laquelle on a si peu fait depuis tant de siècles. »

Ces diverses citations font voir que, de temps immémorial, on a songé à régulariser et à approfondir la Tamise par des digues latérales ; que l'établissement de ces digues a toujours produit l'effet qu'on en attendait ; et qu'aujourd'hui encore, on projette de nouveaux endiguements en aval de Londres, pour faciliter la navigation des navires à grand tirant d'eau.

PORT

DU

NIEUWE DIEP

PRÈS DU HELDER (1).

Depuis longtemps le besoin s'était fait sentir, en Hollande, d'avoir près de la rade du Texel un port sûr et commode, tant pour les bâtiments de guerre que pour ceux du commerce.

Une commission de gens de l'art, parmi lesquels on distingue le savant inspecteur général C. Brunings, si connu par ses utiles recherches et ses écrits sur l'hydraulique, proposa, en 1781, de faire des améliorations à la passe dite du Nieuwe Diep (2). Cette passe n'était à cette époque qu'un passage peu profond, resserré entre la côte de la Nord Hollande et un banc de sable nommé *Zuid-Wal*. Le but que l'on se proposait d'atteindre, était de former un port assez étendu pour pouvoir y amarrer les vaisseaux de la république batave, ainsi que les bâtiments du commerce, et de leur offrir un refuge à l'abri des tempêtes et des glaces.

La passe du Nieuwe Diep réunissait ces conditions, mais n'avait pas la profondeur nécessaire. C'est là le défaut assez général des ports de la Hollande, que l'on ne rend praticables qu'en les draguant à grands frais.

L'étendue que l'on voulait donner au nouveau port du Nieuwe Diep, aurait rendu le dragage presque impossible, ou tout au moins trop dispendieux.

L'on forma donc le projet d'obvier à cet inconvénient, en établissant des ouvrages tellement combinés, qu'on forcerait les eaux du jusant à passer en plus grande masse par le port, espérant que le courant à établir de cette manière serait suffisant pour le maintenir à la profondeur requise.

Les projets de la commission ayant été approuvés, on mit de suite la main à l'œuvre, et les résultats les plus heureux dépassèrent bientôt les prévisions des ingénieurs.

L'entrée du port, qui en 1784 n'avait que $3^m,50$ à $4^m,40$ de profondeur à marée haute, offrait déjà en 1784 un tirant d'eau de 8 à 10^m, et en quelques endroits même jusqu'à $12^m,50$.

En 1786 les travaux étaient si avancés que 90 bâtiments de différente grandeur trouvèrent un mouillage sûr dans ce port, et en 1789 il fut visité par

(1) Lettre de M. L.-J.-F. Vander Kun, ingénieur en chef du Waterstaat. La Haye, 1846
(1) Voir la planche n° 2.

151 bâtiments, dont plusieurs étaient du plus fort tonnage. Dès lors l'expérience prouva que l'hivernage au Nieuwe Diep était à l'abri des tempêtes et des glaces, et que l'entrée en était accessible, tant que la rade du Texel ne se trouvait pas obstruée par les glaçons.

La carte que nous joignons à ces notes, représente le port du Nieuwe Diep, avec tous ses travaux, ainsi qu'ils existaient dès 1798 (1).

Avant de donner un aperçu de ces travaux, nous ferons remarquer que la marée monte habituellement dans le *Mars-Diep*, devant le Helder, de 1^m,57, et dans le Nieuwe Diep, de 1^m,41. La hauteur du banc de sable nommé *Zuid-Wal*, à l'est du Nieuwe Diep, est de 0^m,60, 0^m,90 à 1^m,20 en contre-bas de la marée haute, et à 0^m,45 à 0^m,60 au-dessus des plus basses marées. Tant que ce banc n'était pas à sec, les eaux en s'écoulant pendant le reflux, du Zuiderzée vers le Mars-Diep, ne suivaient qu'en très petite quantité la passe du Nieuwe Diep, et ce n'était que vers les derniers moments de la marée descendante, qu'il s'y établissait un assez fort courant.

Pour approfondir ce port, il fallait donc y faire passer plus d'eau, et l'on obtint ce but,

1° En établissant sur le banc de sable dit *Zuid-Wal* une grande jetée de retenue (Vang-dam) sur une longueur de 3,200 mètres (850 verges du Rhin);

2° En prolongeant cette jetée le long du port, parallèlement à ses bords, jusqu'à son entrée du côté du nord, sur une longueur de 1,130 mètres (300 v. r.);

3° Par la construction de quelques petites jetées perpendiculaires, pour limiter le courant le long de la partie occidentale du port;

Et 4° en revêtant les bords du banc de sable (*Zuid-Wal*) au sud de la grande jetée de retenue, sur une largeur de 866 mètres (230 v. r.). Ce revêtement en fascinage et en libage, était établi à une moindre hauteur que la grande jetée de retenue, afin que les eaux pussent se déverser dans le Nieuwe Diep.

Quelques parties des couches qui formaient le fond du Nieuwe Diep, offrant trop de consistance pour pouvoir être enlevées par les chasses naturelles que le flux et le reflux y établissaient, on vint à leur secours, soit avec la drague ordinaire, soit en remuant le fond avec des espèces de herses armées de pointes en fer.

Tous ces travaux ont coûté environ un million et demi de francs, et l'on doit au zèle, et à la sagacité de ceux qui en dirigèrent l'exécution, d'avoir obtenu de si grands résultats à si peu de frais et en si peu de temps.

Vers 1790 on forma au sud du Nieuwe Diep un bassin à flot, pour le radoub des bâtiments. Cet établissement a la forme d'un parallélogramme; il est formé par quatre digues, et une grande écluse en maçonnerie lui donne communication avec le port.

Nous allons maintenant tâcher de donner une idée de la construction des divers travaux en fascinage faits pour l'établissement du port du Nieuwe Diep. Mais avant tout, nous essaierons de décrire comment l'on construit en Hollande les *plates-formes* en fascinage, dont on fait un si grand usage pour les travaux à la mer.

Ces plates-formes ont ordinairement de 29 à 30 mètres de longueur, sur 8 à 10 mètres de largeur; cependant dans quelques cas, on leur donne jusqu'à 100, 150 mètres et au-delà, de longueur. Leur épaisseur ordinaire est d'environ 1 mètre. Pour les construire, on établit sur le plan incliné d'un rivage qui

____

(1) Voir la planche n° 2.

tombe à sec à marée basse, un grillage en saucissons espacés parallèlement, de 0^m,90 à 1 mètre et se croisant à angles droits. A chaque croix des saucissons, on les relie fortement ensemble avec deux harts ou liens en osier. Puis, sur tout le pourtour extérieur, et alternativement aux croix intérieures du grillage, l'on attache des cordes de 3 à 5 centimètres de circonférence et de 2 mètres environ de longueur. Ces cordes devant servir à relier le grillage inférieur, à un pareil grillage supérieur, on les attache provisoirement à des piquets perpendiculaires de 1^m,50 de longueur, fichés à cet effet dans les croix du grillage inférieur. L'on pose ensuite sur ce grillage 3 à 4 couches de fascines se croisant les unes sur les autres, soit à angles droits, soit diagonalement; puis, un grillage supérieur, en tout semblable à celui de dessous, est placé sur les fascines, de manière à ce que ses croix correspondent exactement à celles du grillage inférieur.

Dans chacune de ces croix, l'on enfonce un piquet, dont la longueur égale l'épaisseur de la plate-forme, et l'on assemble fortement les deux grillages, au moyen de cordes retenues perpendiculairement, et dont nous avons parlé plus haut.

Tout ce travail doit s'achever dans quelques heures, afin de pouvoir mettre la plate-forme à flot, à la marée haute, et l'on y met la dernière main pendant qu'elle flotte sur l'eau. Chaque plate-forme doit être munie aux quatre angles et sur les côtés de quelques forts nœuds en corde, armés d'un anneau en fer et solidement attachés aux grillages inférieurs. L'on passe par ces anneaux des cordes de quelques mètres de longueur, dont les deux bouts sont attachés à des bateaux ou prames, et l'on peut conduire la plate-forme partout où l'on veut.

Pour achever la plate-forme, on l'entoure extérieurement de deux fortes tunes parallèles, espacées d'environ 1 mètre et placées sur les saucissons du grillage supérieur. L'on forme ainsi une petite galerie, que l'on remplit ensuite de briquaillons, de moellons ou de libages.

Lorsque les plates-formes sont grandes, on y met encore quelques tunes parallèles, se croisant à angles droits, à distance de 2 ou 3 mètres, pour empêcher le lest, avec lequel on fait couler la plate-forme à fond, de se déplacer, si par accident elle venait à chavirer.

L'on traîne ensuite la plate-forme justement au-dessus du point où l'on veut la faire couler à fond, on l'amarre, et quatre bateaux ou prames chargés de lest, la tiennent aux quatre angles par les deux bouts des cordes dont nous avons fait mention tantôt. Puis d'autres plus petits bateaux chargés de terre et de briquaillons viennent se placer autour de la plate-forme. On la charge lentement, en ayant bien soin d'éparpiller également le lest, et surtout d'en bien munir les quatre angles. Sa pesanteur devenant plus grande que celle de l'eau, la plate-forme commence à s'enfoncer, reste suspendue aux cordes, et au moment où l'on juge que le chargement est complet, à l'instant de l'étale de basse mer, après avoir défait les amarres, on lâche les cordes simultanément, et la plate-forme va se placer à l'endroit voulu. Finalement, on achève de la couvrir d'autant de lest, soit en terre, en briquaillons ou en pierres, qu'on le juge convenable, en ayant égard à la force du courant, etc.

Généralement, la longueur des plates-formes est égale à la largeur des jetées ou des risbermes que l'on veut construire, et l'on en fait couler, côte à côte, le nombre nécessaire pour obtenir toute la longueur de l'ouvrage projeté. Une seconde couche de plates-formes semblables est ensuite coulée sur la première, en ayant soin que les joints ne correspondent point avec ceux de la couche inférieure. Viennent ensuite une troisième couche, une quatrième, etc., etc., coulées de la même manière jusqu'à la hauteur de la marée basse, en diminuant régulièrement leur longueur, afin que les retraites forment sur les deux côtés le talus que l'on désire obtenir et qui est ordinairement de 45 degrés. Après avoir suivi ce mode de construction jusqu'à la hauteur de la marée basse, l'on peut ensuite achever la jetée, la risberme ou l'épi, *à sec* et à la manière accoutumée.

C'est au moyen des plates-formes dont nous venons de décrire la construction, que fut formée la jetée le long du port à l'est du Nieuwe Diep (Leidam), depuis le point nommé Harsens, jusqu'à la grande jetée de retenue (Vangdam), sur une longueur de 1,130 mètres.

L'on fit successivement couler à fond de pareilles plates-formes, et l'on en superposa le nombre nécessaire de couches, pour atteindre la hauteur de 1 mètre en contre-bas de la marée haute. La risberme obtenue ainsi avait une crête de 22^m,60 et des talus de 45 degrés. Chaque plate-forme avait une épaisseur de 0^m,90 à 1^m,20. La risberme fut ensuite recouverte de briquaillons, et d'une couche de fascines placées en dos d'âne, dont le milieu était à 0^m,31, et les deux extrémités à 0^m,93 au-dessous de la marée haute ordinaire.

Cette couche supérieure de fascines fut affermie par des tunes placées parallèlement, à 0^m,60 de distance, et dont les intervalles furent remplis de briquaillons, jusqu'à même hauteur que les tunes.

L'on couvrit finalement toute la surface supérieure, d'une couche de libage de granit du nord ou de pierre de Brabant. Telle fut la construction suivie sur une longueur de 475 mètres (126 v. r.) mesurés à partir de la tête nord du port; sur les 655 mètres (174 v. r.) de longueur vers l'intérieur du port, on adopta le même système, avec cette seule différence, qu'on ne donna au couronnement de la risberme, qu'une largeur de 15 mètres (4 v. r.).

La grande jetée de retenue (Vangdam) établie sur un banc de sable assez élevé, nécessita une autre construction. On commença par placer dans l'axe de cette jetée un rang de pieux en chêne d'environ 3 mètres de longueur sur 11 à 13 centimètres d'équarrissage, espacés de 1^m,88, et enfoncés jusqu'à la hauteur de la marée haute. Ces pieux étaient reliés par un chapeau en sapin, du même équarrissage, et l'on ferma cette claire-voie du côté du nord, par une file de palplanches en sapin de 22^m,0 de longueur sur 4 centimètres d'épaisseur, fortement clouée au chapeau des pieux.

Pour prévenir tout affouillement, l'on recouvrit le pied de cette charpente des deux côtés, sur une largeur de 46^m,5, en fascinage avec tunes et briquaillons jusqu'à la hauteur contre les pieux,

De 15 centimètres au sud ;

De 31 centimètres au nord;

Et de 94 centimètres aux deux extrémités, le tout mesuré en contre-bas de la marée haute ordinaire.

Enfin le côté nord du fascinage fut recouvert d'une couche de forts libages de granit, placés avec soin, mais le côté sud moins exposé à l'action de la mer, ne fut recouvert en granit que sur une largeur de 2 mètres, et le reste en briquaillons.

Depuis 1798, le port du Nieuwe Diep a acquis une très grande importance. En 1811, Napoléon vint l'inspecter, et donna l'ordre, sur les lieux mêmes, de tracer le plan d'un grand établissement militaire à former au Nieuwe Diep, et d'y bâtir une nouvelle ville maritime. Ces travaux avaient reçu un commencement d'exécution, lorsqu'en 1814, Sa Majesté le roi des Pays-Bas ayant examiné les ouvrages de ce port avec le plus grand détail, en ordonna la continuation.

Cet établissement s'agrandit depuis, et s'améliore de jour en jour, et son port est un des meilleurs de l'Europe. Il offre au commerce d'Amsterdam d'incalculables avantages, qui ont acquis bien plus d'importance encore, depuis la construction du grand canal de la Nord Hollande, qui vient y aboutir, et depuis qu'un bateau remorqueur à vapeur rend le port accessible, et en facilite la sortie malgré les vents contraires (1).

Nous terminons cette notice,

1° par un profil, pris en 1836, de la grande digue de mer à l'ouest du Helder, près du point marqué sur la carte, de la lettre D. Le talus extérieur est formé par un enrochement en forts libages jetés à pierres perdues jusqu'à l'énorme profondeur de 42 mètres. Les pierres dont on se sert habituellement pour l'entretien de cette digue sont du poids de 200 à 400 kilogrammes. Ce sont du granit du nord, des grès, de la pierre de Tournai, ou du basalte que l'on fait venir de l'Allemagne (2).

2° Par un profil de la digue formant les bassins ou docks extérieurs d'Amsterdam, ouvrage exécuté avec succès dans le Zuiderzée il y a quelques années. Ce profil détaillé montre de quelle manière on établit en Hollande de tels travaux, sur lit en fascinage.

Les ouvrages en fascinage sont fort nombreux sur nos côtes. Généralement, ils nous réussissent fort bien. Je pourrais citer, outre les travaux du Nieuwe-Diep, les deux grands docks extérieurs d'Amsterdam, quelques parties des digues du lac de Haarlem, les divers travaux d'assèchement d'alluvions, dont on s'occupe beaucoup depuis quelque temps, et surtout une multitude de travaux en Zeelande, où la marée monte de 3 à 4 mètres.

Il est sérieusement question dans ce moment de faire un port sur la côte de Scheveningen, près La Haye, au moyen d'une digue, ou d'un môle construit en fascinage et revêtu en perré, dans le genre du profil indiqué, de la digue près Amsterdam. Il est également question de barrer de cette manière deux bras de l'Escaut, pour le chemin de fer de Flessingue vers l'Allemagne. L'un de ces barrages aura une longueur de plus de 2,000 mètres.

C'est principalement dans la vase et sur ses bancs mobiles, que ces sortes de travaux doivent l'emporter sur de simples enrochements. Même là où nous travaillons par enrochement, nous commençons ordinairement par établir un lit de fascinage, construit comme il est dit plus haut, et qui sert alors de base et de soutien à l'enrochement, en empêchant les pierres perdues de trop se disperser ou de s'enfoncer dans la vase.

Nos entrepreneurs de travaux publics et nos ouvriers sont extrêmement habiles dans ces sortes de travaux, dont l'exécution demande beaucoup d'habitude, de soins et de matériaux convenables, que nous possédons en grande quantité.

---

(1) Toutes ces améliorations ont été obtenues en dirigeant le jusant entre des digues latérales ; en se créant ainsi des chasses naturelles ; et c'est un nouvel exemple, à l'appui des travaux de la Seine, où l'abondance des eaux dans le réservoir supérieur répond d'avance à toute objection.

(2) Voir la planche n° 3.

CONCLUSION.

En publiant ces notes, j'ai voulu rendre à un grand exemple méconnu l'autorité qui lui était due, et en ajouter d'autres.

J'ai voulu contribuer à affermir le sentiment que les ouvrages qui se préparent, entre Villequier et Quillebeuf, ne seront pas tout ce que la France peut et doit faire pour l'amélioration de la partie maritime du plus beau de ses fleuves.

Mais avant de pouvoir en dire utilement davantage à cet égard, IL FAUT UN PREMIER SUCCÈS : il le faut pour achever de dissiper des craintes respectables, sans doute, mais mal fondées.

C'est vers ce but que nous devons tous tendre, et j'ai cru le faire en réunissant des éléments de comparaison, que je ne rencontrais qu'épars.

Si la tâche était facile, en tous cas elle était utile ; c'est pour cela que je l'ai entreprise, et que j'essayerai peut-être de la continuer.

J. RONDEAUX.

Paris, juin 1846.

IMPRIMERIE DE GUSTAVE GRATIOT, 11, RUE DE LA MONNAIE.

www.ingramcontent.com/pod-product-compliance
Lightning Source LLC
LaVergne TN
LVHW010210060726
842524LV00005B/2107